AF321375

JUGEMENT

DE

L'ACADÉMIE ROYALE

DES SCIENCES,

Sur une nouvelle Méthode de tirer la Soie & de l'apprêter en Organsin, présentée par le P. PERONIER, Minime à Lyon.

A PARIS,

DE L'IMPRIMERIE ROYALE.

M. DCCLXIX.

JUGEMENT

DE L'ACADÉMIE ROYALE DES SCIENCES,

*Sur une nouvelle Méthode de tirer la Soie,
& de l'apprêter en Organsin.*

Du 29 Novembre 1768.

Extrait des Regiſtres de l'Académie.

L'ACADÉMIE des Sciences ayant été engagée à donner ſon avis ſur un Mémoire du père Peronier, Minime à Lyon, concernant une nouvelle méthode de tirer la Soie des cocons & de l'apprêter, ſoit en trame, ſoit en organſin ; M.ʳˢ Mignot de Montigny & Vaucanſon ont été nommés Commiſſaires pour examiner ce Mémoire avec les plans qui y ſont joints, & en faire leur rapport à la Compagnie. Comme cette méthode a depuis été annoncée dans les Papiers publics avec les plus grands éloges accompagnés de l'approbation de l'Académie de Lyon, ces deux Commiſſaires ont cru devoir entrer dans les plus grands détails, & diſcuter ſcrupuleuſement tous les

A ij

moyens propofés par le père Peronier, foit pour répondre aux vues du Miniftère, foit pour inftruire le public, & principalement les Fabricateurs de Soie, des avantages ou des inconvéniens qu'ils doivent attendre de cette méthode.

RAPPORT.

Cette méthode prétendue nouvelle, n'eft que la réunion de deux idées anciennes, l'une propofée il y a douze à quinze ans, par le fieur Villard de Salon, en Provence; & l'autre plus anciennement, par le fieur Martin, du Dauphiné : celle du fieur Villard confiftoit à tirer la Soie des cocons fur des bobines, au lieu de la tirer en écheveaux fur des guindres, afin d'éviter par-là le devidage de ces mêmes écheveaux : celle du fieur Martin étoit la conftruction d'un double fufeau femblable à celui du père Peronier, avec lequel on donnoit fur le même moulin, les deux tors à la fois, qu'on nomme *premier & fecond apprêt.* Chacune de ces nouveautés fut annoncée dans fon temps, avec les mêmes avantages & les mêmes applaudiffemens que l'eft aujourd'hui celle du père Peronier. La ré-flexion détruifit promptement celle du fieur Villard, parce qu'elle parut impraticable : celle du fieur Martin qui étoit plus féduifante, parce qu'elle étoit plus in-génieufe, ne fut abandonnée que par les inconvéniens que les premiers essais qu'on voulut en faire, firent apercevoir.

Ce sont ces deux mêmes nouveautés qui constituent la découverte entière du père Peronier, sous l'annonce d'une nouvelle méthode de tirer la Soie & de l'apprêter, soit en organsin, soit en trame: rien de plus merveilleux, suivant l'auteur, que cette nouvelle méthode, puisqu'elle abrège les deux tiers de l'opération, les deux tiers de la main-d'œuvre, les deux tiers des déchets & rend la Soie infiniment plus belle & plus parfaite; voilà des avantages certainement bien grands: nous allons faire voir comment l'auteur s'y prend pour les procurer.

La fabrication de l'organsin demande six opérations; la première de tirer la soie des cocons en écheveaux sur des guindres; la seconde, de devider la soie des écheveaux sur des bobines; la troisième, de donner à cette soie devidée un premier tors, ou le premier apprêt, sur un moulin; la quatrième, de fixer ce premier apprêt, en exposant la soie à la vapeur d'une lessive, ce qu'on nomme *donner la Brève;* la cinquième, de doubler cette soie à deux, à trois ou à quatre bouts; la sixième & la dernière, de donner à cette soie doublée le dernier tors ou le second apprêt sur un autre moulin: le père Peronier réduit ces six opérations à deux, savoir, au tirage & à un seul moulinage.

Au lieu de tirer la soie des cocons sur des guindres qui ont vingt-quatre pouces de diamètre, il propose de la tirer, comme le fieur Villard, immédiatement fur des bobines; mais comme les bobines que le père Peronier emploie dans fon moulin, ne peuvent avoir qu'un pouce de diamètre, & qu'elles ne fauroient tourner vingt-quatre fois plus vîte que le guindre, pour devider autant de foie dans le même temps, il faudroit néceffairement prolonger de beaucoup cette première opération : l'auteur prétend qu'elle ne fera que double, c'eft-à-dire, une fois plus longue; nous allons faire voir en quoi confifte l'erreur de fon calcul.

Dans les tours à foie, le guindre fait ordinairement cent quarante-quatre révolutions par minute; la bobine du père Peronier qui eft vingt-quatre fois plus petite, feroit obligée d'en faire trois mille quatre cents cinquante-fix dans le même temps, pour devider autant de foie; & dix-fept cents vingt-huit pour la moitié qu'il promet, ce qui donneroit à la bobine vingt-huit révolutions deux tiers par feconde, vîteffe prodigieufe qui brûleroit ou mettroit le feu aux pivots de la bobine; quoique nous penfions que la moitié de cette vîteffe feroit encore fort grande, nous fuppoferons cependant, pour donner tout l'avantage à la prétention du père Peronier, que cette vîteffe pourra être le tiers de celle du guindre, c'eft-à-dire, que la bobine pourra faire dix-fept à dix-huit révolutions par feconde, il s'enfuivroit toujours que l'opération du tirage fait fur ces petites bobines, dureroit au moins deux fois plus long-temps que fur les guindres.

Le père Peronier qui a très-bien prévu quelle feroit la longueur de cette opération, propofe avec la plus grande confiance, de faire tirer la foie pendant toute l'année, ce à quoi lui & fes approbateurs ne trouvent nul inconvénient; mais cette propofition paroîtra bien différente à tous les Fabricateurs de foie, qui favent que le tirage doit être fait le plus promptement qu'il eft poffible, que plus les cocons vieilliffent & plus ils perdent; que les frais en étant les plus confidérables par la dépenfe du feu, par celle de deux ouvrières à chaque tour, il doit être expédié avec la plus grande célérité.

La foie coûte à tirer 30, 35 & 40 fous par livre, parce que dans certains lieux, la journée d'une Tireufe eft de 12 fous, de 15 dans d'autres, & dans plufieurs de 20 fous; la paye de la Tourneufe eft ordinairement moitié de celle de la Tireufe; il en coûte auffi, fuivant les lieux, 10, 12 & 15 fous par jour, de bois ou de charbon; une bonne ouvrière fait dans fa journée douze à treize onces de foie de cinq à fix cocons avec le guindre ordinaire: or, fi comme nous venons de le faire voir, on n'en peut faire que le tiers de cette quantité, en la tirant fur des bobines, il eft bien évident que la livre de foie coûtera à tirer, par la méthode du père Peronier, deux fois davantage, c'eft-à-dire, de 4 livres 10 fous à 6 francs, au lieu de 30 à 40 fous, puifque les frais journaliers feront abfolument les mêmes: la façon de cette foie augmentera encore, parce que dans les jours d'hiver, le travail ne pourra être que moitié de celui des jours d'été pendant lefquels l'on a coutume de faire cette opération ; fi l'on joint à cela, la perte fur la garde des cocons dont plufieurs fe gâtent par la fonte des vers mal étouffés & dont plufieurs font mangés ou rongés par les rats ; fi l'on confidère encore la perte de l'intérêt de l'argent, on reconnoîtra fans beaucoup de peine, que bien loin de diminuer confidérablement les frais fur la fabrication de la foie, le père Peronier n'auroit trouvé que le fecret de les augmenter des trois quarts ; indépendamment de cette augmentation de frais, la foie en recevroit un dommage notable, parce que les cocons obligés de refter deux ou trois fois plus de temps dans la baffine, la gomme tomberoit prefque toute en diffolution, & les fils de foie refteroient fans nerfs & fans force : le père Peronier a cru donner un moyen merveilleux de fuppléer à la lenteur de fa méthode, en propofant de faire tirer par la même ouvrière, fur quatre bobines à la fois, c'eft-à-dire, de filer quatre fils au lieu de deux ; mais cet expédient eft tout-à-fait illufoire : la meilleure Tireufe a toutes les peines du monde d'entretenir l'égalité des brins de cocons, fur deux fils, comment l'entretiendroit-elle fur quatre ! il n'en réfulteroit qu'un vice de plus ; la foie feroit encore inégale : c'eft ainfi que pour épargner 6 fous qu'il en coûte à devider une livre de foie fur le moulin à eau, on propofe d'en dépenfer 80 de plus à la faire

tirer ;

tirer : voilà à quoi fe réduifent les prétendus avantages
de cette découverte nouvelle.

Combien d'autres inconvéniens ne réfulteroient-ils
pas de cette nouveauté : les fabriques d'organfin qui
ont leur tirage éloigné à dix & quelquefois vingt lieues ,
feroient obligées de faire venir à grands frais leur foie
toute filée, fur des milliers de bobines : les particuliers
qui tirent pour organfin ou pour trame, feroient pareil-
lement obligés de tranfporter leur foie filée fur des
bobines, pour la vendre dans les marchés ou dans les
foires ; & comme chaque bobine ne fauroit contenir
que quelques gros de foie, il faudroit tranfporter &
vendre cent livres pefant de bois, pour vendre huit
à dix livres de foie: comment ceux qui achetteroient
cette foie pourroient - ils l'examiner ! On déploie ordinairement un écheveau, on l'ouvre pour voir fi la
foie eft bien nette, bien égale & bien filée; ici toute
infpection, tout examen, feroient impoffibles ; on ne
verroit la foie que fur la fuperficie des bobines, il faudroit l'acheter fur la parole ou fur la bonne foi du
Vendeur, & payer encore un excédant confidérable
pour le prix des bobines : comment s'y prendroit-on
d'ailleurs pour la pefer ! Il eft étonnant que perfonne
ne fe foit aperçu de ces inconvéniens.

Il y a plus, la foie tirée des cocons immédiatement
fur des bobines, acquerroit cette dureté que l'on voit
dans la partiede l'écheveau qui repofe fur la lame du
guindre, c'eft-à-dire, qu'elle fe colleroit l'une avec

l'autre fur toute la circonférence de la bobine: dans les premiers effais que le fieur Villard voulut faire de cette invention qui lui appartient, il imagina de mettre fur fon moulin une éponge mouillée à chaque bobine, pour que la foie pût s'en détacher plus facilement; mais cet expédient ne lui ayant pas réuffi, il fut obligé de faire devider fa foie au fortir du tirage, fur d'autres bobines, avant qu'elle eût le temps de fécher fur les premières; opération qu'il nomma *Trancanage*, afin de donner le change à beaucoup de gens qui ignorent, qu'en termes de l'Art, le trancanage & le devidage font une même chofe.

Nous ne finirions pas, fi nous voulions parcourir tous les autres inconvéniens de cette fingulière méthode; ceux que nous venons de remarquer, fuffifent pour faire apercevoir combien elle feroit défavantageufe aux Fabricateurs de foie & impraticable à tous ceux qui en font commerce: voyons fi le fufeau que préfente le père Peronier pour donner les deux apprêts à la fois, mérite les mêmes éloges qu'on a prodigués à fa manière de tirer la foie.

Lorfque la foie, fuivant la méthode ordinaire, a été devidée des écheveaux fur des bobines, on place ces bobines chargées de foie fur le moulin du premier apprêt, pour y recevoir le premier tors & y monter fur d'autres bobines qu'on nomme *Roquelles :* après avoir mis la foie des roquelles à la brève, on la double à deux, à trois ou à quatre bouts, fuivant l'ufage auquel elle eſt deſtinée, c'eſt-à-dire, qu'on prend la ſoie de deux, de trois ou de quatre roquelles, qu'on devide enſemble ſur une nouvelle bobine qui eſt enſuite portée ſur le moulin du ſecond apprêt pour y recevoir le dernier tors & y monter ſur des petits guindres en écheveaux.

Le père Peronier réduit ces dernières opérations à une ſeule; mais cette opération unique abrège-t-elle le travail des deux tiers! diminue-t-elle les déchets! épargne-t-elle les deux tiers des ouvriers! la ſoie en eſt-elle plus belle & plus parfaite, ainſi qu'il le prétend! c'eſt ce que nous allons expliquer le plus clairement & le plus brièvement qu'il nous ſera poſſible.

Au lieu d'un ſimple fuſeau pour chaque bobine, le père Peronier place pluſieurs bobines ſur le même fuſeau, ou, pour mieux dire, ſon fuſeau eſt compoſé de pluſieurs fuſeaux contenus dans une cage faite de deux platines en bois comme celle d'une pendule; il a donc autant de cages que de différentes qualités d'organſin, c'eſt-à-dire, qu'il y a des cages pour les deux bouts, qui contiennent chacune deux fuſeaux; des cages pour les trois bouts qui contiennent trois fuſeaux; & des cages pour les quatre bouts qui ont quatre fuſeaux : chacune de ces cages porte une lanterne deſſous la platine inférieure, & la platine ſupérieure porte une tige de ſix pouces de hauteur, à l'extrémité de laquelle ſont pluſieurs barbins ou crochets de fer à œil, dans leſquels paſſent les fils de ſoie qui viennent des bobines: on

B ij

met chaque cage fur une tige de fer fixée verticalement fur un foc de bois qui entre à queue d'aronde & à couliffe dans la traverfe du moulin; fous la platine fupérieure de la cage, eft une crapaudine de cuivre renverfée qui reçoit la pointe de la tige de fer fur laquelle la cage peut facilement tourner; fur le haut de cette tige, eft une roue dentée qui répond au milieu de la cage; les dents de cette roue engrènent avec celles de deux autres roues placées dans la cage, lefquelles engrènent d'un autre côté, avec les roues fixées fur la tige des fufeaux qui portent les bobines.

La lanterne attachée deffous la platine inférieure, étant mife en mouvement par une courroie de cuir fur laquelle font coufues des dents de cuivre, fait tourner la cage autour de la tige immobile & de la roue dentée qui y eft fixée: les deux roues intermédiaires recevant leur mouvement par leur engrénage avec cette roue du milieu, font tourner les roues des fufeaux en fens contraire de la cage, & comme cette cage porte une tige verticale, à l'extrémité de laquelle fe réuniffent les fils de foie qui viennent des bobines, il s'enfuit que chaque fil de foie, au fortir de la bobine, fe tort fur lui-même, & qu'après leur réunion, ils font retordus enfemble dans un fens oppofé, par le mouvement de la cage, ce qui forme le premier & le fecond apprêt: chaque fil retordu vient enfuite fe plier fur le petit guindre comme à l'ordinaire.

Que de pièces, que de roues, que de pivots, que

d'engrénages, que de frottemens pour faire tourner deux bobines! voilà une cage, cinq roues dentées, une lanterne, deux tiges, deux fuseaux, tous en mouvemens; que de précifion, que de juftefse à obferver dans l'exécution d'une telle machine! que de force pour la faire tourner avec la vîtefse requife! que d'habileté ne faudroit-il pas dans les ouvriers qui la conduiroient pour l'entretenir toujours en bon état & pour en réparer les dommages! Ce furent toutes ces difficultés qui rendirent infructueufe la tentative du fieur Martin, premier inventeur de ce fuseau: le fieur Gouat de Grandpré, du péage de Rouffillon en Dauphiné, le fieur Laudy, de Montelimart, ont depuis imaginé & préfenté au Confeil, des moyens à peu-près femblables, pour le même objet; mais comme ils étoient tous deux gens du métier & intelligens, ils fe jugèrent eux-mêmes & reconnurent toute l'infuffifance de leurs moyens.

Le père Peronier a éprouvé l'inconvénient de ce grand nombre de roues; il a trouvé qu'elles produifoient des facades & des réfiftances qui nuifoient à la facilité du mouvement; il avoue lui-même avoir été obligé de les abandonner; il leur a fubftitué des cônes tronqués qui agiffent les uns fur les autres, par le frottement de leurs furfaces, il en trouve le mouvement plus doux & plus aifé, ce qui eft facile à concevoir; mais où fera. pour-lors, cette régularité dans les révolutions des fuseaux, qui doit être regardée, fuivant ce qu'il nous dit lui-même, comme le principal mérite de son invention! les refforts à boudin placés fur les cônes intermédiaires, n'empêcheront pas que la plus petite différence qui fe trouvera dans la hauteur des deux fufeaux entr'eux, ou avec la tige qui porte la cage, n'altère ou n'interrompe tout-à-fait le mouvement particulier de l'un ou de l'autre fufeau : les bouts de foie qui volent perpétuellement dans ces fortes de fabriques & qui viennent s'attacher à toutes les parties du moulin, n'ont qu'à s'interpofer entre quelques-uns de ces cônes, la communication de leur mouvement fe trouvera dans le moment interrompue, & la foie d'une bobine pourra monter fur le guindre, fans aucun premier apprêt, pendant plufieurs heures & même pendant une journée entière, fans qu'on s'en apercoive, parce que la vîteffe du mouvement que la cage imprimera au fufeau en l'emportant avec elle, ne permettra jamais de bien apercevoir le mouvement particulier que le fufeau aura fur lui-même.

Comment efpérer que des cônes en bois conferveront long-temps une parfaite rondeur! Si on les fait avec du bois tendre, ils feront bientôt ufés, fi c'eft avec du bois dur, on fait que plus le bois eft dur, plus il eft fujet à fe gercer & à fe tourmenter; or, comme les frottemens, dans ce cas-ci, doivent être fort légers, la moindre variation dans la rondeur d'un des rouleaux altèreroit fur le champ l'uniformité des révolutions entre les deux fuſeaux ; & plus il y aura de cylindres frottans dans les cages, plus il y aura d'occaſions de rendre les apprêts irréguliers.

La courroie dentée qu'emploie le père Peronier, pour faire mouvoir les lanternes des cages, rendra, il eſt vrai, les révolutions des cages régulières ; mais celles des fuſeaux qui portent les bobines, ne pourront jamais l'être, par le ſimple frottement des rouleaux, ainſi nul rapport conſtant à eſpérer entre les points de tors du premier & du ſecond apprêt.

Nous diſons que la courroie dentée qui engrène avec les lanternes des cages, leur donnera un mouvement régulier ; mais c'eſt en ſuppoſant que les dents de cette courroie conſerveront toujours une égale diſtance entr'elles, ce que nous ſommes bien éloignés de croire : cette courroie qui doit avoir quarante pieds environ de longueur, ſur quatorze à quinze lignes de largeur, ne peut être compoſée que de pluſieurs bandes priſes dans la longueur d'une peau de veau ou de vache ; les bandes vers le dos, ſont toujours plus épaiſſes & plus roides que les voiſines qui vont du côté du ventre, ce qui rend la totalité de la courroie très-inégale : l'expérience apprend qu'une telle courroie s'alonge, en travaillant quelque temps ſur le moulin, de pluſieurs pieds dans ſa totalité, & plus dans les parties foibles que dans les parties fortes : les dents de cuivre, eſpacées régulièrement ſur toute la longueur de cette courroie, conſerveront-elles long-temps un intervalle égal entr'elles! elles s'écarteront en proportion de fon alongement & avec autant d'inégalité qu'il y aura de différence entre la force des bandes qui la compoferont : fi une fimple courroie s'alonge de deux à trois pieds, à combien plus forte raifon s'a-longera celle du père Peronier, dans laquelle il faudra faire des millions de trous pour y attacher onze à douze cents dents de cuivre qu'il propofe de coudre avec du fil de cordonnier : nous n'avons pas befoin de faire remarquer le peu de folidité de tous ces moyens, nous nous contentons d'obferver que les organfins faits fur les anciens moulins à la courroie & à l'eftrafin, dans lefquels le père Peronier trouve lui-même & avec raifon, tant d'imperfeétions, y rece-vroient cependant un apprêt bien moins irrégulier que fur le moulin qu'il préfente, parce que le frottement de la courroie & du ftrafin, agiffant immédiatement & avec force fur chaque fufeau, les fait tourner avec encore plus de régularité que ne tourneroient ceux du père Peronier, par cette quantité de frottemens légers & intermédiaires. On fe tromperoit grandement fi on jugeoit d'après de petits effais, toujours faits avec beaucoup de foin & beaucoup de temps, de ce qu'il eft poffible de faire en grand dans un travail réglé & fuivi : les modèles en petit paroiffent prefque toujours avantageux, parce que tout y eft léger & fa-cile à mouvoir ; celui du père Peronier n'étant que la quatrième partie d'un moulin ordinaire, n'a dû

montrer

montrer que de petites réſiſtances qui auront induit en erreur ceux qui en ont eſtimé les effets.

Une des principales perfections de l'organſin, eſt que les différens brins de ſoie qui le compoſent, ſoient tous également tendus, & que les hélices que chacun forme en recevant le ſecond apprêt, ſoient parfaitement égaux entr'eux ; c'eſt ce qu'on ne doit point attendre avec le fuſeau du père Peronier. Tous ceux qui fabriquent de l'organſin, ſavent que les fils de ſoie qui montent au moulin du premier apprêt, ne ſont pas tous également tirans, ſoit par la différence de peſanteur des coronelles, ſoit par la différence de leur mobilité, ce qui paroît bien ſenſiblement par la différente dureté du pliage de la ſoie ſur les roquelles ; les unes ſont toujours plus ou moins molles, les autres plus ou moins fermes : il y aura néceſſairement même différence de tenſion dans les fils, ſur le moulin du père Peronier, parce qu'il y aura même inégalité de peſanteur dans les coronelles ; mêmes inégalités ſur les ſurfaces frottantes des bobines avec les coronelles ; même impoſſibilité d'empêcher là, plutôt qu'ailleurs, que le plus petit brin de ſoie flottant, ne vienne mettre obſtacle à la liberté de leur mouvement : les organſins n'y acquerront donc jamais cette qualité eſſentielle d'où dépend toute leur élaſticité & une bonne partie de leur force ; il eſt aiſé de concevoir que les deux fils dont une corde eſt compoſée, doivent recevoir en

C

même temps l'effort du poids qu'on veut leur faire porter ; que s'il y a entr'eux inégalité de tenfion, le plus lâche ne fupportant aucune partie du fardeau, tout le poids agira fur le plus tendu & le fera caffer ; c'eft ce qui arrive à tout organfin dont les fils n'ont pas été également tendus, lorfqu'on les a joints enfemble avant de leur donner le dernier apprêt ; voilà ce qui produit ce grand nombre de fils écorchés, que l'ouvrier trouve fouvent dans la chaîne de fon étoffe, à la première extenfion qu'il veut lui donner.

On ne peut parer à cet inconvénient que par l'opération du doublage que le père Peronier trouve fi inutile & fi défavantageux ; c'eft-là qu'on réunit les différens fils qui doivent former l'organfin & qu'on les contient tous également tendus, en les faifant paffer entre le doigt index & le pouce, avant qu'ils arrivent fur la bobine : c'eft auffi dans cette opération, que la foie eft une feconde fois purgée des petites côtes & bouchons qui ont échappés au devidage où l'on ne peut guère la nettoyer que des gros flocons & des groffes côtes : nous penfons bien différemment fur cet article, que les Apologiftes de la méthode du père Peronier, lorfqu'ils difent, que plus on fait paffer la foie par les mains des ouvrières, plus elle perd de fa beauté & de fa bonté ; nous croyons au contraire, avec ceux qui connoiffent l'Art de fabriquer l'organfin, que ce n'eft qu'en la faifant paffer des mains des Devideufes dans celles des Doubleufes, qu'il eft poffible de la bien purger de fes parties groffières & bouchonneufes, qui échappent toujours à l'attention & à l'œil des Tireufes les plus adroites.

Le père Peronier n'a point vu dans la nouvelle manufacture d'Aubenas, qu'il nous dit avoir examinée, qu'on y écorchât la foie, en froiffant avec les mains les parties de l'écheveau qui ont touché aux lames du guindre : on y met ces écheveaux fur les taveles fans aucun froiffement, la foie s'en détache facilement, parce qu'au tirage elle eft parvenue fur le guindre, fans humidité & qu'elle y a été pliée de manière à ne pouvoir jamais fe coller l'une fur l'autre ; il n'a pas vu non plus, qu'on y employât ni huile ni graiffe pour faciliter l'opération du devidage ; il n'y a que les Devideufes à la main ou qui devident des foies teintes, qui puiffent fe fervir de ces drogues, elles feroient inutiles au devidage fur les taveles, fait à la machine.

Enfin les Piémontois, qui ont quelque expérience dans la fabrication des organfins, ont fi bien reconnu la néceffité de purger une feconde fois la foie dans l'opération du doublage, que leurs règlemens défendent tout doublage à la machine ; ils ordonnent que les foies, après avoir reçu le premier apprêt, feront doublées à la main, afin que les petits bourillons & les petites inégalités étant mieux fentis fous les doigts de la

Doubleufe, la foie puiffe être entièrement purgée, avant de fubir la dernière opération.

Qu'on juge maintenant de la netteté qu'aura l'organfin du père Peronier, fi la foie, au fortir du tirage, eft mife tout de fuite fur le moulin, pour y recevoir la dernière opération ; les flocons, les côtes, les bourillons gros & petits, arriveront fans nul obftacle fur ces petits écheveaux qui doivent aller dans les mains des Fabricans d'étoffe ; on ne doit pas efpérer de pouvoir mieux purger la foie en la tirant fur des bobines que fur des guindres ; elle fera au contraire bien plus bouchonneufe, parce que les cocons refteront plus long-temps dans l'eau, & que l'expérience a prouvé que rien n'étoit plus capable de les faire monter en boune.

Le père Peronier a eu raifon de promettre aux Mouliniers qu'il leur épargneroit beaucoup de déchets par fa méthode, puifqu'elle leur ôte tout moyen de purger la foie ; mais tous ces déchets retomberoient en entier à la charge du Fabricant qui l'emploieroit : ces déchets lui feroient d'autant plus préjudiciables, que cette foie ne pouvant plus être nettoyée que lorfqu'elle feroit montée en chaîne fur le métier d'étoffe, elle auroit pour lors acquis plus de valeur par le prix de la teinture qui eft fouvent confidérable, & par le temps de l'ouvrier qui eft payé fix fois plus cher par le Fabricant, que celui d'une Taveleufe ou d'une Doubleufe par le Moulinier: il eſt à préſumer que les Fabricans de Lyon, auroient été plus réſervés dans leurs louanges, s'ils euſſent fait attention que les frais qu'on éviteroit aux Mouliniers, par cette nouveauté, ne pouvoient que retomber ſur eux ou ſur leurs ouvriers.

Le père Peronier reconnoît cependant la néceſſité de purger la ſoie, après qu'elle a été tirée du cocon, puiſqu'en attendant que l'uſage de tirer la ſoie ſur des bobines ſoit introduit par-tout; il propoſe un devidoir de ſon invention avec lequel on purgera la ſoie de toutes ſes côtes & bourillons, & qui fera ſix fois plus d'ouvrage, dans le même temps, que les devidoirs or-dinaires: ce devidage qu'il préſente comme nouveau, eſt préciſement le même que ceux qu'il a vus dans la manufacture d'Aubenas: les bobines qui tirent la ſoie de deſſus les taveles, y reçoivent de même leur mou-vement par un frottement ſur des rouleaux, chaque bobine peut y être auſſi arrêtée dans ſon mouvement par la réſiſtance du brin de ſoie, ſans que ce brin ſe caſſe; chaque brin de ſoie y paſſe par une pince garnie de drap, pour arrêter les bourillons & pour faire plier la ſoie convenablement ferme ſur la bobine. Il ne les a pas vus tourner, il eſt vrai, avec autant de vîteſſe qu'il prétend faire tourner le ſien; mais avec un peu plus d'attention, il auroit reconnu que la vîteſſe qu'on donne à ces bobines, doit toujours être proportion-née à la fineſſe de la ſoie qu'on y devide, afin de la ménager & d'empêcher qu'elle ne caffe trop fouvent; il a pu voir qu'on y eft le maître d'augmenter ou de diminuer à volonté cette vîteffe, avec une feule roue de rechange, à la tête du moulin.

Le père Peronier auroit encore pu confidérer dans cette même manufacture, que les bobines du doublage, qui fe meuvent par une mécanique à peu-près fem-blable, y ont une vîteffe cinq ou fix fois plus grande, parce que le fil de foie y étant toujours double ou triple, eft plus capable de réfifter à cette augmentation de vîteffe; il auroit pu remarquer que chaque fil de foie y paffe par deux pinces, avant d'arriver fur la bobine; que chaque pince y eft plus forte & plus ferrée qu'au devidage, afin que les différens brins de foie doublés y foient également tendus entr'eux, & que les petits bourillons, qui ont pu paffer fous la pince du devidage, foient arrêtés par celle - ci: c'eft en employant de tels moyens qu'on a cru, en établiffant cette nouvelle ma-nufacture, pouvoir déroger au règlement de Piémont, qui défend les doublages à la machine; ceux d'Aubenas doublent & purgent la foie, pour le moins auffi exac-tement & auffi fûrement, qu'on pourroit le faire à la main, & on y épargne la moitié des ouvrières.

Il réfulte de tout ce que nous venons de dire, que malgré toutes les précautions que l'on prend pour bien tirer la foie, malgré la recommandation faite aux Ti-reufes, de bien purger les cocons, d'en bien croifer les fils, il reste toujours dans la soie filée plus ou moins de bourillons dont il faut la nettoyer; que quelque habiles que soient les Tireuses, ces côtes & ces bourillons seront en plus grand nombre dans la méthode proposée, à cause du long séjour que feront les cocons dans la bassine; que ce n'est qu'au devidage & au doublage que la soie peut être bien nettoyée; & que si on supprime ces deux opérations, jamais on ne parviendra à donner à l'organsin, une des principales qualités qu'il doit avoir, la netteté.

La multiplicité des nœuds dans la soie, n'est pas un défaut moins essentiel; nous voyons évidemment que dans l'organsin du père Peronier, il y en aura une quantité trois fois plus grande que dans celui des autres fabriques, ce qui est bien facile à concevoir: les bobines qu'il y emploie ne peuvent avoir que la quatrième partie du volume des bobines ordinaires, elles ne contiendront par conséquent que le quart de la soie des autres; il faudra donc changer trois fois plus souvent de bobines sur le moulin; à chaque changement de bobine, c'est un nœud qu'il faudra faire avec le bout de soie de la bobine précédente: voilà donc bien évidemment & bien nécessairement trois fois plus de nœuds; mais ces nœuds seront toujours de gros nœuds faits avec deux, trois ou quatre bouts de soie, ainsi que tous les autres nœuds occasionnés par les ruptures accidentelles; ce que nous allons faire voir avec la même évidence.

Il faut ici que lorfqu'un des deux fils fimples, qui monte du fufeau fur le guindre, vient à caffer, l'autre fil foit néceffairement rompu dans le même inftant, fans quoi le fil fimple montant feul, feroit un organfin à un bout, que l'on nomme *organfin boiteux*, qu'il faudroit enlever de deffus le guindre & qui tomberoit en déchet : le père Peronier, pour faire caffer les deux fils à la fois, a placé au haut de la tige que porte la cage, deux crochets de fil de fer, que chaque fil fimple foutient en l'air ; lorfqu'un de ces deux fils eft caffé, le crochet qui le foutenoit élevé, tombe par fa pefanteur, & la queue du crochet venant s'embarraffer dans la coronelle de l'autre bobine, en fait caffer le fil dans le moment ; il y aura donc toujours deux fils de caffés, pour un, dans l'apprêt des organfins à deux bouts. Comme il y a trois crochets dans les cages deftinées à faire les trois bouts, il y aura toujours trois fils de caffés pour un ; chaque rupture de fil fimple occafionnera donc toujours un nœud plus ou moins gros, fuivant que l'organfin fera compofé de plus ou de moins de fils, parce que le nœud fera toujours fait avec la totalité de ces fils ; c'eft ce qui n'arrive point dans les autres moulins où les nœuds font prefque tous faits fur la foie à un bout : les Mouliniers favent qu'il y a toujours dix & vingt fils de caffés fur un moulin de premier apprêt, contre un fur le moulin de fecond apprêt ; que lorfque ce dernier moulin eft

chargé

chargé de foie à trois bouts, les ruptures y font encore moindres, & qu'il ne s'en caffe prefque point lorfque la foie y eft à quatre bouts : .qu'on réfléchiffe maintenant fur la belle qualité qu'auroit un organfin dont tous les nœuds feroient de la plus forte groffeur & trois fois plus nombreux, & fur l'effet que produiroit cette prodigieufe quantité de gros nœuds dans les étoffes unies, & principalement dans les fatins.

Nous n'avons pas befoin de faire remarquer que les déchets augmenteront ici en raifon du nombre des ruptures ; les ouvriers favent qu'à chaque bout de foie qu'il faut renouer, on en perd une longueur plus ou moins confidérable.

Après avoir démontré tous les vices qui réfulteroient de la méthode & de la mécanique du père Peronier, relativement à la bonté & à la beauté des organfins, il ne nous refte plus qu'à faire voir de combien il fe trompe encore dans la promeffe qu'il fait d'épargner plus de la moitié des frais. & de la main-d'œuvre.

Nous avons déjà dit à quel prix il fupprimoit la feconde opération de l'organfinage qui eft le devidage des écheveaux ; nous avons démontré que c'étoit en rendant la première opération trois fois plus longue & trois fois plus difpendieufe ; nous avons fait voir que les déchets qu'on évitoit aux Mouliniers, en fupprimant le devidage & le doublage, retomberoient en entier aux frais du Fabricant, à qui ces déchets

D

deviendroient d'autant plus coûteux, que la foie auroit alors acquis plus de valeur par la teinture & par la diminution de fon poids dans la cuiffon, & parce que la journée de l'ouvrier fabricant eft payée fix & huit fois plus cher que celle d'une Devideufe : voyons en quoi confifte la diminution de la main-d'œuvre fur le moulin.

Le travail du Moulinier fe mefure par le nombre des fufeaux qu'il y a fur les moulins & par la quantité des fils qu'il y a à renouer; quoique le père Peronier réuniffe deux moulins en un feul, le nombre des fufeaux fubfifte toujours le même, mais le fervice en fera bien différent; toutes ces bobines qui font trois fois plus petites, contiendront trois fois moins de foie, il faudra par conféquent dégarnir & regarnir les fufeaux trois fois plus fouvent & renouer la foie autant de fois : voilà d'abord la main-d'œuvre triplée en ce feul point; fi dans les ruptures accidentelles, il y a toujours deux, trois & quatre fils de caffés pour un, fuivant qu'on fera des organfins à deux, à trois ou à quatre bouts; cette main-d'œuvre fera encore augmentée en proportion des ruptures ou des fils qu'il faudra renouer; ainfi bien loin de diminuer la main-d'œuvre du Moulinier, elle fera au contraire augmentée de quatre à cinq fois davantage; & pour un ouvrier employé fur les moulins ordinaires, il en faudra au moins quatre, fur les moulins du père Peronier : cet auteur ne doit

pas faire valoir dans fon moulin, l'avantage de former
les écheveaux féparés fur les guindres & d'éviter par-là
au Moulinier, la difficulté de faire glifler ces écheveaux
pour faire place à d'autres; il fait très-bien que cette
perfection exifte dans ceux d'Aubenas: il eft vrai qu'on
y cave tous les huit ou neuf jours les moulins du premier apprêt, c'eft-à-dire, qu'on relève les bobines
chargées de foie tordue, pour y en remettre de vides,
ce qu'on ne feroit point fur les moulins du père Peronier; mais comme cette opération ne dure qu'un
quart d'heure, on profite de ce temps pour nettoyer
les collets des fufeaux & mettre de l'huile dans leurs
crapaudines, opération fans doute également néceffaire
dans les moulins propofés, & à laquelle on emploiera
d'autant plus de temps, qu'il y aura fix à fept fois plus
de collets ou de crapaudines à nettoyer & à huiler.

Examinons encore fi l'ouvrage fe fera fur ces nouveaux moulins, avec autant de célérité qu'on l'annonce:
la quantité d'ouvrage que peut faire une fabrique d'organfin, fe calcule par le nombre des fufeaux que contiennent les moulins de fecond apprêt, par la vîteffe
avec laquelle on peut les faire tourner, & par la quantité de leurs révolutions comparées avec celles que
font les guindres, c'eft-à-dire, par la quantité d'apprêt
qu'on donne à la foie; les autres moulins ne font que
préparer l'ouvrage qui doit être achevé fur ces der-
niers: dans les moulins d'Aubenas que nous avons

toujours pris ici pour exemple, puifque le père Peronier les regarde comme les plus parfaits ; les fufeaux du fecond apprêt tournent avec la même vîteffe que ceux du premier apprêt, laquelle eft toute auffi grande qu'elle peut être, pour ménager la foie & ne la pas faire caffer trop fouvent: cependant ces fufeaux du fecond apprêt donnent un cinquième de tors de moins que ceux du premier, qui eft la proportion la plus ordinaire entre les deux apprêts : dans le moulin du père Peronier, le tors du fecond apprêt n'y eft que moitié de celui du premier, à raifon de quoi il s'écrie qu'un des plus précieux effets de fon nouveau moulin eft de donner à la foie beaucoup plus de premier apprêt qu'on n'en donne fur les autres moulins, ou le premier apprêt eft au fecond, comme fix eft à quatre, tandis que dans le fien, il eft comme deux à un : nous fommes fâchés de faire remarquer que cette allégation n'eft pas bien concluante ; de ce qu'il donne le premier apprêt double du fecond, il ne s'enfuit pas qu'il foit pour cela plus fort que celui des autres fabriques ; il ne fait voir le premier apprêt augmenté dans fon moulin, que parce que le fecond y eft diminué de trois huitièmes : la vîteffe des fufeaux qui donnent le premier apprêt doit toujours être proportionnée à la fineffe de la foie, & comme cette vîteffe eft dans ce moulin, dépendante de celle des cages qui donnent le fecond apprêt, il s'enfuivra néceffairement, ou, que l'organfin qui y fera fait, aura un tiers de moins de fecond apprêt qu'il ne faut, ou que fi les deux apprêts font remis en proportion convenable, en changeant le diamètre des cylindres, ce moulin ne fera, dans le même temps & avec le même nombre de fufeaux, que les deux tiers de l'ouvrage de ceux d'Aubenas: on a befoin d'ailleurs de changer quelquefois cette proportion dans les apprêts, fuivant la nature de l'étoffe à laquelle l'organfin eft deftiné: comment s'y prendroit-on dans les moulins du père Peronier! il faudroit autant de différentes cages que d'apprêts différens.

Enfin il réfulte de tout ce qui vient d'être dit, qu'en voulant abréger les quatre fixièmes des opérations néceffaires à la fabrication des organfins, le père Peronier a fi fort alongé & compliqué les deux autres, que bien loin de procurer les grands avantages qu'il promet, foit par une diminution confidérable des frais de main-d'œuvre & des déchets, foit par plus de perfection dans l'ouvrage; les organfins au contraire coûteroient trois ou quatre fois plus de temps & d'argent à être fabriqués comme il le propofe, que les déchets y feroient beaucoup plus difpendieux; & que ces organfins n'auroient aucune des qualités requifes à leur beauté & à leur bonté, qui font la netteté, la force & l'égalité d'apprêt.

Nous accorderons volontiers au zèle du père Peronier, toutes les louanges qui lui font dûes; mais nous

fommes obligés de conclure que les moyens qu'il préfente ne font ni nouveaux ni avantageux, & que la
réunion qu'il en fait, pour établir une méthode géné-
rale de tirer la foie des cocons & de l'apprêter en
organfin, ne fauroit mériter l'approbation de l'Académie. *Signé* DE MONTIGNY & VAUCANSON.

*Je certifie le préfent extrait conforme à fon original & au juge-
ment de l'Académie. A Paris, ce douze décembre mil fept cent
foixante-huit.* Signé GRANDJEAN DE FOUCHY, *Séc. perp. de
l'Ac. R. des Sciences.*